Mayne Reid

Le Musquash

(1882)

BIBLIOTHÈQUE MORALE

In-12 Sixième Série.

LE MUSQUAH

CAPITAINE MAYNE-REID

LE
MUSQUAH

TRADUCTION

DE BÉNÉDICT-HENRY RÉVOIL

LIMOGES
ANCIENNE MAISON BARBOU FRÈRES
Ch. BARBOU, IMPRIMEUR-LIBRAIRE-ÉDITEUR
Avenue du Crucifix.

LE

MUSQUAH

Le rat musqué des Etats-Unis est le musquash des marchands de fourrures « fiber zibethicus. » Son nom lui vient de sa ressemblance avec le rat commun et de son odeur de musc produite par des glandes placées près de l'anus. Les Indiens l'ont appelé musquash;

c'est là, du reste, une coïncidence assez remarquable, car le mot musk est d'origine arabe, tandis que celui de musquash serait un dérivé du français musc. Les premiers marchands de fourrures canadiens étaient Français ou d'origine française, et ce sont eux qui ont fait la nomenclature de tous les animaux à pelleteries de cette contrée. Plusieurs points de ressemblance qui existent entre cet animal et le véritable castor « castor fiber » lui ont fait donner par les naturalistes le nom de castor musqué. Du reste, les musquash et les castors paraissent être de la même espèce, et c'est ainsi que

Linnée les avait classés ; mais les nouveaux inventeurs de systèmes ont divisé la famille, non pour simplifier la science, ainsi qu'on pourrait l'imaginer, mais pour faire croire qu'ils étaient de profonds observateurs, dont les découvertes mettaient à l'ombre celles de leurs devanciers.

Les dents, — ces organes favoris du naturaliste de cabinet, qui lui servent de texte pour allonger les pages de ses théories, — l'ont autorisé à poser une ligne de démarcation entre le castor et le rat musqué, bien que les mœurs de ces animaux prouvent qu'ils sont de la même espèce, comme le mâtin appartient au genre lévrier, et même de bien plus près encore. Ce qu'il y a de certain, c'est qu'ils sont si parents l'un de l'autre, que les Indiens, dans leur langage pittoresque, les appellent « cousins. »

La forme du rat musqué diffère peu de celle du castor. C'est un animal à l'encolure épaisse, au corps arrondi et d'une apparence plate : son nez est écrasé, ses oreilles sont courtes et entièrement cachées dans sa fourure ; il a des moustaches roides comme celles du chat, le cou enfoncé dans les épaules, les jambes peu allongées, les yeux petits et noirs, et les pattes armées d'ongles aigus : celles de derrière, plus longues que les autres, sont à moitié palmées, tandis que les pattes du castor le sont entièrement.

Un fait digne d'attention, relatif à la queue de ces deux amphibies, c'est que chez tous les deux elle est presque entièrement dépourvue de poils, couverte d'écailles, et tout à fait aplatie.

Tout le monde a une idée de l'appendice caudal du castor et du parti qu'il sait en tirer ; personne n'ignore quel est l'usage particulier de ce membre de l'animal employé par lui en guise de truelle de maçon ; on connaît sa largeur énorme, son épaisseur, son poids qu'on pourrait comparer à une palette de jeu de paume. La queue du rat musqué, comme celle de son congénère, est dépourvue de poils, couverte d'écailles et très aplatie ; mais au lieu de se trouver placée dans un sens horizontal, comme chez le castor, la partie plate est soudée verticalement.

En outre, la queue du rat musqué n'a pas la forme de la truelle ; elle va en s'amoindrissant comme celle du rat commun. En un mot, il a tant de ressemblance avec les rats de nos habitations, qu'on ne peut le voir sans ressentir un dégoût insurmontable.

Du museau à l'extrémité de la queue, le rat musqué a près de vingt pouces de long, et la grosseur de son corps est environ la moitié de celle du castor. Il est doué du pouvoir singulier de se contracter de telle sorte, qu'il ne paraît plus que la moitié de sa taille ordinaire, ce qui lui permet de passer par des ouvertures impénétrables pour des animaux bien plus petits que lui.

Sa couleur est d'un roux brun sur le dos et cendrée sous le ventre. Il y a cependant, sous ce rapport, bien des exceptions bizarres; on en a vu de tout noirs, de tout blancs, et d'autres d'un pelage mélangé noir et blanc. Sa fourrure, épaisse et douce, ressemble à celle du castor, sans être d'aussi belle qualité. On y trouve de longs poils roides et de couleur rousse plus longs que le reste ; la queue surtout est peu garnie.

Les mœurs du rat musqué sont aussi singulières, pour ne pas dire davantage, que celles de son cousin le castor, surtout si on laisse de côté toutes les excentricités qu'on a prêtées à ce quadrupède ; on peut même ajouter que dans l'état domestique le rat musqué montre beaucoup plus d'intelligence que le premier.

De même que le castor, c'est un animal amphibie; on ne le trouve que dans les contrées où il y a de l'eau, et jamais sur les hauteurs arides et desséchées.

Sa région, à lui, s'étend sur toute la surface de l'Amérique du Nord, partout où l'herbe croît et partout où l'eau coule. Il est probable qu'il est originaire du continent méridional; mais nous ignorons en grande partie l'histoire naturelle de cette zone de notre pays, — et nous bornerons nos remarques sur ce sujet.

A l'encontre de celle du castor, l'espèce du rat musqué ne

paraît pas devoir disparaître de sitôt.

En Amérique, de nos jours, on ne trouve plus le castor que dans les parties les plus reculées des solitudes inhabitées. Autrefois, on le rencontrait dans tous les Etats qui bordent la mer Atlantique ; il y est aujourd'hui complètement inconnu. Si parfois on aperçoit encore un castor dans ces Etats riverains de l'Océan, ce n'est plus, comme autrefois, sur une digue formant phalanstère, surmontée de dômes artistement construits : ce castor habite, comme un ermite solitaire, dans un terrier ; il est malingre, rachitique et mal peigné.

Le rat musqué, au contraire, fréquente les habitations de pionniers. On rencontre rarement une mare d'eau, un étang, un ruisseau qui n'ait une ou plusieurs familles de rats musqués demeurant sur ses bords.

Pendant une partie de l'année, ce petit animal vit en société; le reste du temps il se plaît dans la solitude. Le mâle diffère peu de la femelle; seulement il est un peu plus gros et sa fourrure est beaucoup plus belle.

Avec le printemps, commence pour lui la saison des amours; son odeur musquée est alors si forte, qu'elle se fait aisément sentir dans le voisinage de sa demeure. A cette époque, il se choisit une compagne à laquelle il reste invariablement fidèle. On croit que cette union dure pour toute leur existence. Quand la lune de miel est passée, ils se creusent un terrier sur le bord d'un ruisseau ou d'un étang, ordinairement dans quelque endroit écarté et par conséquent très sûr, entre les racines d'un arbre, et toujours dans une situation telle, que l'eau, dans ses plus fortes crues, ne puisse atteindre le nid construit à l'intérieur.

L'ouverture du terrier se trouve assez souvent au dessous du niveau du courant, de sorte qu'on ne peut aisément le découvrir. L'intérieur de cette demeure est tapissée de mousse ou d'herbes moelleuses. Les petits sont au nombre de cinq à six, et la mère les élève avec le plus grand soin, se hâtant de leur inculquer de bonne heure ses meilleures habitudes. Le mâle ne se mêle point de leur éducation ; on le voit pendant tout le temps que dure l'incubation et l'élévation, errer seul dans le voisinage; ce n'est qu'en automne, lorsque les petits sont forts et capables de subvenir à leurs besoins, que le père retourne auprès de sa famille, et aussitôt tout le monde se met à l'œuvre pour la construction des quartiers d'hiver, Dès que leur nouvelle habitation, qui est bien différente de la première, est achevée, ils abandonnent celle où ils sont nés. Pour construire cette demeure destinée à les garantir du froid, ils choisissent une pièce d'eau qui, selon leurs prévisions, n'est pas susceptible de geler jusqu'au fond; si elle est traversée par un cours d'eau, elle n'en vaut que mieux pour eux. Sur le bord, ou souvent même dans quelque petite île au milieu, ils élèvent une sorte d'édifice en forme de dôme, creux en dedans, et ayant beaucoup de rapport avec l'habitation du castor. Ils n'ont pour matériaux que l'herbe et la boue qu'ils tirent du fond de la rivière.

L'entrée de cette demeure est souteraine et se compose d'une ou de plusieurs galeries qui, par une ouverture, communique au dessous de l'eau. Dans les endroits où une inondation serait à craindre, la terrasse intérieure est exhaussée; et même souvent ils pratiquent des galeries pour se ménager un lieu de repos à pied sec, en cas où la partie inférieure viendrait à être inondée. Ils ont, du reste, toujours soin de se ménager une sortie libre pour aller en quête de leur nourriture, qui consiste en plantes aquatiques faciles à trouver dans leur voisinage.

Dès que la construction est achevée et que le froid commence à se faire sentir, la famille entière, composée du père, de la mère et des petits, s'y renferme et y passe tout l'hiver. Ils n'en sortent que pour les besoins indispensables. Au printemps, cette demeure est abandonnée pour n'y plus revenir.

Quelle que soit la rigueur de l'hiver, tant qu'ils se tiennent clos dans leur cabane, ils n'ont rien à craindre du froid. La chaleur seule de leurs corps, serrés comme ils le sont, côte à côte, et même parfois les uns par dessus les autres, suffirait pour les en défendre. Plus encore, leurs murs de boue ont plus d'un pied d'épaisseur, et ni la pluie ni la gelée la plus violente ne sauraient pénétrer dans l'intérieur de ces huttes fantastiques.

On a remarqué relativement aux habitations des rats musqués, un fait curieux qui prouve que la nature les a conformés de manière à ce qu'ils sachent se plier aux circonstances dans lesquelles ils peuvent se trouver placés. Les philosophes appellent cela de l'instinct ; mais, selon nous, c'est la marque qu'une haute intelligence a pourvu à leur conservation.

C'est une preuve de la providence.

Dans les pays méridionaux, tels que la Louisiane, par exemple, où les cours d'eau ne gèlent pas l'hiver, le rat musqué ne se bâtit pas d'habitation comme celle que nous venons de décrire ; il vit toute l'année dans son terrier, creusé sur la rive, il peut ainsi sortir et aller en toute saison pour chercher sa nourriture.

Dans le nord, c'est autre chose. Pendant des mois entiers, les rivières sont couvertes de glaces épaisses ; le rat musqué ne pourrait sortir de son asile ni par dessous ni par dessus la glace : dans ce dernier cas, l'ouverture qu'il lui faudrait pratiquer trahirait sa présence et il se verrait bientôt attaqué par des chasseurs, des chiens et beaucoup d'autres ennemis. Quand bien même il aurait sous l'eau une sortie par laquelle il pût se soustraire aux attaques de ceux qui le recherchent, il y périrait bientôt faute d'air ; car, bien que le rat musqué soit un amphibie, comme le castor et la loutre, il ne saurait vivre absolument sous l'eau. Il faut que de temps en temps il vienne respirer à la surface. En hiver, les eaux courantes ne lui fournissent pas sa nourriture favorite, tirée principalement de la tige et de la racine de certaines plantes aquatiques, qu'il trouve en abondance dans les marécages, où, du reste, il est bien moins en butte aux attaques de l'homme et des animaux carnassiers, parmi lesquels on cite la martre et le putois.

En outre, dans les marais, l'homme ne peut facilement approcher de l'habitation du rat musqué, à moins que la glace ne soit très épaisse. C'est à cette époque qu'existe vraiment pour lui un danger de tous les jours, et, malgré cela, il sait toujours trouver quelque issue pour s'échapper lorsque arrive le moment du péril.

Avec quelle tendresse cette petite créature sait changer ses habitudes selon la position géographique où elle se trouve ! Tout à fait au nord, dans les contrées hyperboréennes, fréquentées seulement par la compagnie de la baie d'Hudson, les lacs, les rivières et même les sources gèlent en hiver. Les marais de peu de profondeur sont glacés jusqu'au fond. Comment alors le rat musqué peut-il sortir sous l'eau ?

Voici les moyens qu'il met en usage :

Il choisit d'abord un lac d'une certaine profondeur, et, dès que la glace peut le porter, il y fait un trou au dessus duquel il élève sa maison conique ; par ce trou il va chercher au fond de l'eau tous les matériaux qui lui sont nécessaires. L'habitation se trouve ainsi en relief sur le lac ; l'ouverture, qui n'est autre que le trou primitif, se trouve située dans la terrasse intérieure, et reste toujours dégagée, tant par les soins qu'y apportent les habitants que grâce à leurs sorties continuelles pour aller en quête de leur nourriture, empruntée, comme je l'ai dit, aux racines du marécage.

Cette construction singulière, avec pignon sur la surface du lac et une sortie sous l'eau, suffirait pour le mette à l'abri des attaques de ses ennemis ordinaires, les animaux carnassiers : peut-être n'est-ce que pour se défendre des quadrupèdes rapaces que la nature a songé à le prémunir ; mais, malgré son adresse et toutes ses ruses, le rat musqué ne peut lutter avec un ennemi plus habile que lui, et cet ennemi, c'est l'homme.

La nourriture du rat musqué est variée, il mange des racines de plusieurs espèces de nénuphars ; mais son meilleur régal, c'est la racine des roseaux « calamus ou acorus aromaticus. » On sait qu'il se nourrit de coquillages, et on trouve fréquemment près de sa hutte des monceaux de coquilles de moules d'eau douce. Quelques personnes assurent qu'ils mangent du poisson ; mais on en a dit autant du castor, et ce fait n'est pas encore clairement prouvé. Les naturalistes de cabinet soutiennent le contraire, se fondant toujours sur leur argument favori, la denture de l'animal ; quant à moi, j'ai fort peu de confiance dans le système des dents, depuis que j'ai vu des chevaux, des bœufs et des pourceaux manger avec avidité de la chair, du poisson et de la volaille.

Le rat musqué s'apprivoise facilement et devient docile et familier ; il est très intelligent, et se plaît à caresser la main de son maître. Les Indiens et les colons du Canada en élèvent souvent dans leur maison ; mais ces animaux ont tant de ressemblance avec le rat commun, à l'époque du printemps, ils émettent une odeur si nauséabonde, qu'il leur sera difficile d'être jamais admis en compagnie des chiens et des chats comme familiers d'une maison. Il est assez difficile de les tenir enfermés : en moins d'une nuit, ils ont l'habileté de se frayer un passage en rongeant les planches de la boîte où on les avait enfermés. Leur chair, quoique ayant une saveur un peu musquée, sert quelquefois de nourriture aux Indiens et aux chasseurs de race blanche ; mais les trappeurs et les Peaux-Rouges mangent volontiers de presque tout ce qui a vie, souffle et mouvement. J'ai connu des Canadiens qui mangeaient par goût la chair du rat musqué.

En général, ce n'est pas pour sa chair qu'on recherche cet amphibie, sa fourrure est d'une bien autre importance ; car elle est presque égale en valeur à celle du castor pour la fabrique des chapeaux, et le prix qu'en retirent les Indiens et les trappeurs de la race blanche les dédommage amplement des fatigues qu'ils ont·

supportées pour se la procurer. On s'en sert aussi pour confectionner des boas et des manchons qui ressemblent assez aux fourrures de la martre américaine « mustela martes » : son bon marché le fait souvent préférer à cette dernière. C'est un des articles réguliers du commerce de la compagnie de la baie d'Hudson, qui chaque année expédie des milliers de peaux de rats musqués. Si cet animal n'était pas d'une nature si prolifique, et en même temps s'il n'était pas si difficile à prendre, sa race serait bientôt éteinte.

La manière de chasser le rat musqué diffère de celle mise en usage pour chasser le castor ; on le prend maintes fois dans les trappes préparées pour la chasse de ce dernier, mais alors une pareille capture est considérée comme un fâcheux contre-temps, car, dans la trappe où il s'est enfermé lui-même, on aurait pu tuer un castor. On le chasse aussi quelquefois au chien courant, comme la loutre, et pour le prendre on découvre son terrier ; mais la capture ne vaut pas la peine qu'on a prise à défoncer sa demeure souterraine. Quelquefois un chasseur décoche un coup de fusil à un rat musqué en passant le long d'un ruisseau, mais presque toujours c'est un coup manqué. Le petit quadrupède a disparu avec la rapidité d'une flèche, il a plongé sans produire dans l'eau le moindre bouillonnement, et une fois au fond, on ne le revoit plus.

Plusieurs tribus indiennes chassent le rat musqué pour avoir à la fois sa chair et sa fourrure ; ils ont pour le prendre des moyens particuliers. Ayant séjourné pendant un hiver dans un fort stitué près d'une tribu d'Ojibways, je vais vous raconter une des chasses à laquelle j'ai eu l'occasion d'assister et à laquelle j'ai pris part.

Chingawa, Indien de la tribu des Chippeways ou Objibways, bien plus connu par les habitants du fort sous le nom de « Vieux-Renard, » était un chasseur renommé dans sa tribu. J'avais réussi à gagner ses bonnes grâces. Ma passion bien connue pour la chasse avait de prime abord été la cause d'un rapprochement maçonnique entre nous ; un vieux couteau qui ne me servait plus, et dont je lui fis présent, acheva de resserrer les liens de notre amitié. L'objet ne valait pas quatre sous de bon argent, et cependant il réussit à faire du Vieux-Renard mon meilleur ami. Toute sa science de chasseur, fruit de l'expérience de soixante hivers, devint ma propriété absolue.

Je n'avais pas encore été initié aux mystères de la chasse aux rats ; mais dès que la saison de ce « noble » exercice fut arrivée, le vieux chasseur m'invita à venir avec lui faire la guerre aux rats musqués.

Nous chargeâmes nos engins sur nos épaules, nous acheminant vers l'endroit où nous devions trouver notre gibier. C'était une rangée de petits lacs ou plutôt d'étangs qui s'écoulaient le long d'une vallée marécageuse, située à dix ou douze milles du fort.

Nos engins de chasse consistaient en un ciseau à glace

garni d'une poignée de cinq pieds de long, une petite pioche, une sorte d'épieu très long dont la pointe en fer ne formait la lance que d'un côté, et une perche légère, droite et souple, ayant à peu près douze pieds de longueur.

Nous nous étions munis d'une petite provision de vivres et de combustibles, — jamais un Indien pur sang ne marche sans cela ; — nous emportions aussi nos couvertures, car notre intention était de passer la nuit près des lacs.

Après quelques heures de marche à travers les silencieuses forêts dépouillées de leurs feuilles, quand nous eûmes passé sur la glace des lacs et des rivières, nous parvînmes au grand marais, qui, comme on le pense bien, était aussi couvert d'une glace épaisse. Il eût été facile de nous aventurer dessus avec un chariot lourdement chargé et son attelage, sans crainte d'écorner tant soit peu cette surface polie comme un miroir.

Nous parvînmes bientôt près·de quelques petits monticules ayant la forme de dômes qui s'élevaient au dessus du niveau de la glace ; ils étaient bâtis de boue consolidée au moyen de différentes sortes d'herbes aquatiques, et la gelée leur avait donné la dureté de la pierre. Sous chacune de ces voûtes, le Vieux-Renard savait qu'il y avait au moins une douzaine de rats musqués peut-être trois fois plus encore, — confortablement couchés et dormant ensemble côte à côte.

Comme on n'apercevait aucun trou ni aucune entrée, il était important de savoir comment on atteindrait ces amphibies. Nous creuserons tout bonnement leurs terriers à l'aide d'une pioche, me disais-je, jusqu'à ce que nous puissions pénétrer à l'intérieur ; mais ce moyen-là même n'eût pas été un mince travail. D'après ce que me dit mon compagnon, les murailles avaient bien trois pieds d'épaisseur, et cette boue pétrie était devenue, grâce à la gelée, aussi dure que des briques cuites au feu. Et puis, quand nous aurions réussi à défoncer la hutte, y rencontrerions-nous les habitants ?

Il était plus que problable qu'après toutes nos peines, nous eussions trouvé les cases vides. C'était l'avis de mon compagnon, qui m'apprit alors que chaque hutte était pourvue de passages intérieurs et sous-marins, qui permettaient aux rats musqués de s'évader longtemps avant que l'on pût arriver jusqu'à eux.

Je me demandais comment nous allions procéder ; mais le

Vieux-Renard n'était pas le moins du monde embarrassé. Il jeta à terre ses engins de chasse devant un des monticules, et se mit à l'œuvre sur-le-champ.

La loge à rats qu'il avait choisie était avancée dans le lac, à quelque distance de la rive, construite entièrement sur la glace ; et comme le savait bien le vieux chasseur, il y avait dans la terrasse intérieure un trou par lequel les animaux pouvaient pénétrer dans l'eau à volonté. Comment donc pouvait-il les empêcher de s'échapper pendant que nous serions occupés à enlever le toit ? Voilà ce qui m'embarrassait ; aussi je suivis avec intérêt tous les mouvements de mon compagnon.

Au lieu d'attaquer la hutte, il commença, à l'aide de son ciseau, à tailler un trou dans la glace, à environ deux pieds des murs. Quand il eut achevé son premier trou, il en fit un second, puis un autre, et enfin un quatrième ; le tout disposé de manière à former un carré au centre duquel était la loge du rat musqué.

Les préparatifs étaient achevés pour celle-là ; il alla donc creuser le même nombre de trous autour d'une autre case, puis d'une troisième, et enfin d'une quatrième, procédant aussi méthodiquement que pour la première.

Enfin, il revint à celle par laquelle il avait commencé, en ayant soin, cette fois, de faire le moins de bruit possible. Il tira de son sac un filet carré fait de lanières de cuir de daim, dont la largeur était celle d'une couverture ordinaire, et, procédant de la manière la plus ingénieuse qu'on puisse voir ; il le fit glisser sous la glace jusqu'à ce que les quatre coins fussent ramenés à l'orifice des trous, au travers desquels il les ramena pour les assujettir fortement au moyen d'une ligne qui les reliait tous les quatre ensemble.

Le procédé mis en usage pour faire glisser le filet sous la glace m'avait rempli d'admiration. Ceci s'effectuait à l'aide d'une ligne que l'on faisait passer d'un trou à un autre, en se servant pour cela de la perche flexible dont j'ai déjà parlé. Cette perche, introduite dans l'un des trous, conduisait la ligne, et était elle-même dirigée par deux bâtons fourchus qui la guidaient ainsi d'ouverture en ouverture. La ligne fixée aux quatre coins du filet servait à le tenir solide dans sa position.

Le Vieux-Renard s'acquitta de tous les détails de cette curieuse opération avec une grande habileté, et en évitant de faire le moindre bruit, ce qui prouvait qu'il n'était pas novice dans l'art de la chasse aux rats.

Le filet ainsi serré sous la surface extérieure de la glace, devait nécessairement boucher le passage de sortie, et il est évident que si les rats musqués étaient chez eux, ils ne pouvaient pas s'en échapper.

Mon compagnon m'assura qu'on les y trouverait. Il m'expliqua alors pourquoi il n'avait pas fait usage du filet dès que les trous avaient été taillés dans la glace : c'était afin de laisser le temps de revenir à ceux des membres de la famille qui pouvaient avoir été effrayés par le bruit. Ne savait-il pas pertinemment que ces animaux ne peuvent demeurer longtemps sous l'eau ?

Il me donna bientôt des preuves de ce qu'il avançait. En quelques minutes, à l'aide du ciseau à glace et de la pioche, nous eûmes percé le dôme, et là, à moitié endormis en apparence, ou plutôt éblouis par l'irruption soudaine de la lumière , nous aperçûmes blottis dans la mousse, au milieu d'herbes sèches, huit énormes rats musqués.

Avant même que je n'eusse eu le temps de les compter, le Vieux-Renard les avait tous, l'un après l'autre, transpercés de son épieu.

Nous allâmes ensuite vers l'une des autres cases devant lesquelles nous avions troué la glace, et renouvelant la même série d'opérations préliminaires, mon compagnon fit encore une capture de six individus.

Dans la troisième, il n'en trouva que trois.

A l'ouverture de la quatrième, un spectacle étrange s'offrit à nos yeux. Il n'y avait plus qu'un seul être vivant, et encore nous parut-il près de mourir de faim ; il était si maigre qu'on ne lui voyait plus que les os et la peau, et, sans aucun doute, la pauvre petite bête se trouvait depuis longtemps privée de nourriture. Près de lui gisaient les squelettes de plusieurs petits animaux que je reconnus tout de suite pour être des rats musqués. La simple inspection du nid nous dévoila tout le mystère. Le passage, qui, dans les autres, traversait la glace et était parfaitement ouvert, se trouvait dans celui-ci complètement gelé. Les habitants n'avaient pas songé à le tenir en état, tant que la glace avait été assez faible pour pouvoir la briser ; dans cette terrible alternative, poussés par la faim, ils s'étaient battus, les plus faibles avaient été mangés par les plus forts, jusqu'à ce qu'enfin il n'y eût plus qu'un seul vivant.

Nous comptâmes les squelettes, et nous vîmes que cette case, emprisonnée par la glace, n'avait pas contenu moins de onze habitants.

L'Indien m'assura que dans les hivers rigoureux de tels cas ne sont pas rares. Quelquefois la gelée s'opère si rapidement, que ces amphibies, — qui peut-être ne songent pas à sortir de quelques heures, — se trouvent enfermés par la glace, et sont contraints ou de mourir de faim, ou de se dévorer les uns les autres.

La nuit approchait, car nous n'étions arrivés que très tard

sur les bords du lac. Mon compagnon proposa de suspendre nos opérations jusqu'au lendemain matin. Je me rendis à cette invitation. Nous nous dirigeâmes alors vers un massif de sapins qui couvraient un tertre près du rivage, et il fut convenu que nous passerions la nuit dans cet endroit.

Le feu brilla bientôt, alimenté par des pommes de pins. Nous avions grand appétit, et je m'aperçus que des provisions que j'avais apportées et dont j'avais déjà fait mon dîner, il me restait à peine de quoi faire un maigre souper. Ces syptômes de disette ne parurent pas émouvoir le moins du monde mon compagnon, qui se mit tranquillement à écorcher quelques rats, les fit griller sur le feu, et les mangea d'aussi bon cœur qu'il aurait pu le faire de succulentes perdrix. J'avais faim, mais je n'étais pas assez affamé pour goûter à ce mets particulier ; je me contentai donc de le considérer avec un étonnement quelque peu mêlé de dégoût.

Il faisait un clair de lune superbe, une des plus belles nuits que j'eusse jamais vues. La neige était tombée tout juste assez pour couvrir la terre, et sur les pentes des collines, recouvertes de cette blanche poussière, on distinguait la forme pyramidale des pins et les franges régulières de leurs branches au feuillage effilé. Ces arbres verts couvraient tous les bords du lac : on aurait dit des navires à l'ancre, les voiles carguées et les vergues en panne.

Tout à coup, tandis que je m'abandonnais à une délicieuse rêverie, je fus tiré de mon extase par un bruit confus qui ressemblait à la voix d'une meute de chiens; je lançai à mon compagnon un regard d'interrogation.

— Ce sont des loups! fit-il tranquillement en continuant à mâcher une cuisse de rat grillé.

Les hurlements devenant de plus en plus distincts, nous entendîmes bientôt un bruit de pas qui résonnait sur le bois sec ; il était évidemment produit par les sabots d'un animal galopant sur la neige glacée. Un instant après, un daim passa près de nous courant à toute vitesse ; il s'élança hardiment sur la glace du lac. C'était un bel animal de l'espèce nommée renne, un caribou « cervus tarandus ». Il était facile de voir qu'il était couvert de sueur et presque rendu.

A peine venait-il de passer, que les hurlements recommencèrent de plus belle, se prolongeant en notes aiguës et saccadées. Soudain, une bande de loups, perdus dans l'obscurité, apparut sur la lisière de la forêt. Il pouvait y en avoir une douzaine, et ils couraient avec la rapidité d'une meute de chiens qui chasse à vue.

Leurs longs museaux, leurs oreilles droites, leurs corps maigres et allongés, se dessinaient parfaitement sur la neige. Je reconnus sur-le-champ que c'étaient des loups, des loups blancs de la plus grande espèce.

Je m'étais levé sans hésiter, non pas que j'eusse l'intention de sauver le caribou, mais je voulais assister à son hallali, et dans cette intention je saisis l'épieu et me mis à courir à sa poursuite. Je crus entendre mon compagnon crier comme pour me recommander d'agir avec prudence ; mais j'étais trop emporté par l'ardeur de la chasse pour faire attention à ses avis. D'ailleurs, la faim chez moi se faisait vivement sentir, et j'avais en perspective un quartier de venaison rôtie pour souper.

En arrivant sur le rivage, je vis bientôt que les loups s'étaient emparés du caribou et le traînaient sur la glace. La pauvre bête, trébuchant à chaque bond, n'avait pu faire que peu de chemin sur le sentier glissant, tandis que, comme les chats, les loups s'aidaient de leurs ongles pour courir sur l'eau glacée. Le caribou s'était sans doute imaginé que cette surface luisante du lac était de l'eau. C'est ce qui arrive souvent à ces animaux, qui deviennent alors une proie facile pour les loups, les chiens et les chasseurs.

Je courais toujours avec l'espoir de chasser les loups et de leur enlever leur victime, et bientôt je fus au milieu de la bande, m'escrimant à l'aide de mon épieu.

Mais à ma grande surprise, comme aussi à mon grand effroi, je fus saisi d'horreur lorsque je vis qu'au lieu de lâcher prise, quelques-uns d'entre eux continuaient à mordre le caribou à belles dents, tandis que les autres m'entouraient, la gueule ouverte et les yeux flamboyants comme des charbons.

Je poussai des cris, combattant toujours en désespéré, et piquant à l'aide de ma lance, tantôt l'un, tantôt l'autre, mais toutes les blessures que je faisais à mes ennemis n'avaient d'autre résultat que de les rendre plus furieux et plus acharnés.

Je soutins ce combat imprévu pendant quelques minutes ; mais je commençais pourtant à m'épuiser. Un horrible sentiment de terreur se glissait dans mes veines et paralysait mes forces, lorsque l'apparition soudaine de mon camarade le Peau-Rouge Chingawa vint me rendre tout mon courage. Je brandis encore mon épieu, usant de tout ce qui me restait d'énergie, et en peu d'instants plusieurs de mes adversaires roulèrent assommés ou perforés sur la glace. Les autres, épouvantés par la présence de mon compagnon, armé de son énorme ciseau à glace, et effrayés en outre par les « whoops » de guerre proférés par l'Indien, se hâtèrent de détaler au plus vite. Trois d'entre eux cependant avaient exhalé leur dernier souffle de vie, et à côté d'eux nous trouvâmes le caribou à moitié dévoré.

Il en restait cependant assez pour préparer un excellent souper, et bien que mon compagnon eût déjà rongé jusqu'aux os la carcasse de trois rats musqués, il attaqua la venaison avec un tel appétit, qu'on aurait juré qu'il n'avait pas mangé de quinze jours.

A LA MER

PAR BÉNÉDICT-HENRY RÉVOIL

Il ne faut par s'imaginer que tout est couleur de rose dans un voyage de plaisance entrepris à bord d'un yacht bien ponté, très élégamment aménagé et somptueusement meublé. Tout irait pour le mieux si l'on naviguait sur un fleuve, ou même sur un lac abrité contre les tempêtes et les vents contraires ; mais une fois que l'on est lancé sur l'élément perfide, qui peut dire ce qui arrivera au voyageur assez audacieux pour affronter Neptune et Borée ?

Il nous souvient d'une excursion que nous avions entreprise, il y a quelques années, à bord du yacht « Minna, » appartenant à un riche Américain dont nous avions fait et cultivé la connaissance à Paris, dans les salons de M. F. de Lesseps. Cet aimable compatriote de Washington était venu de Philadelphie, son pays natal, au Havre, à bord du joli « petit navire » qu'il avait fait construire sur le Delaware. Il nous vantait la bonne tenue de « Minna » sur les flots de l'Atlantique et nous affiirmait qu'elle se comportait comme une jeune miss bien élevée et ayant d'excellents principes.

Un soir de mai, en 1873, tandis que nous fumions un excellent bravas, au coin du feu, en sippant une tasse de souchon, M. Carpenter me proposa de l'accompagner au Havre où il allait voir son « bâtiment » et son équipage. Je n'avais rien de pressé à faire, j'acceptai.

Nous partimes dans un de des bons et confortables wagons de le Compagnie de l'Ouest où l'on ne sent pas même les secousses de la traction rapide d'une machine emportée à toute vapeur. En trois heures et demie, nous entrions à la gare du chef-lieu de la Seine-Inférieure : Une voiture nous amenait bientôt sur le quai où se tenait amarrée la « Minna » de M. Carpenter.

Je passerai sur la description de ce joli vaisseau de plaisance qui avait coûté 125,000 francs à son propriétaire.

Le capitaine du bord nous fit les honneurs du navire de son maître. Un excellent déjeuner était préparé à notre intention. Nous y prîmes une part active, et quand, après avoir décoiffé une bouteille de champagne, les cigares et le café nous furent présentés, M. Carpenter me proposa d'aller faire une promenade en mer.

— Nous irons à Trouville, me dit-il, et nous reviendrons ce soir.

J'acceptai — fatale imprudence ! — La mer était calme comme un océan d'huile d'olive. La marée montait, nous pouvions sortir quand bon nous semblerait du port où se tiennent les vapeurs transocéaniques. A deux heures , nous nous trouvions vis-à-vis de Frascati, et la « Minna » déployait sa voile , tandis que le chauffeur mettait en jeu la machine à vapeur.

Tout alla bien jusqu'à Trouville. Nous dinâmes aux « Roches-Noires ». Nous allâmes voir ce qui se passait au casino et à dix heures du soir nous nous réembarquions à bord du yacht.

Hélas ! le vent avait fraîchi ; la mer moutonnait , le roulis se faisait sentir et un vent d'amont nous empêchait de suivre la route que nous voulions parcourir. Enfin , lorsque nous eûmes atteint la pleine mer, la bourrasque se leva, qui devint bientôt une tempête. Je maudissais l'imprudence que j'avais eue, moi qui souffre toujours cruellement à la mer, d'avoir écouté les propositions de M. Carpenter. Mais il était trop tard.

La « Minna » fut obligée de céder aux efforts du vent déchaîné : la mer fut terrible, et quand le jour se leva, les vagues déferlaient avec rage sur le pont du yacht qui roulait sans savoir où Dieu le conduisait. Les matelots se tenaient cramponnés aux agrès ; l'eau ruisselaït sur le pont et ébranlait les mâts.

M. Carpenter et moi, nous étions couchés, nous résignant à notre sort, mais maugréant contre la mauvaise chance.

A midi, le capitaine vint nous avertir que nous étions en vue de l'Angleterre. Il croyait que la côte était cellede l'île de Wight. Le brave homme ne s'était pas trompé. Grâce à ses efforts et à ceux de ses hommes, il nous nous fut possible d'entrer au port.

— Nous attendrons ici, me dit M. Carpenter, que le ciel se rassérène, et nous rentrerons au Havre.

Je le remerciai de cette offre, mais je préférai prendre le chemin de fer, traverser l'Angleterre, me rendre à Douvres et de là à Calais pour retourner à Paris, jurant, mais un peu tard, qu'on ne m'y prendrait plus à m'égarer sur les flots en compagnie de « Minna » ou de tout autre yacht, à quelque nationalité qu'il appartînt.

J'ai tenu parole.

Limoges. — Imprimerie de Charles Barbou.

www.ingramcontent.com/pod-product-compliance
Lightning Source LLC
LaVergne TN
LVHW020041170826
845678LV00001B/361
9782329694795